Das erste Lebensjahr aus der Sicht eines Hundes

Gabi Bewernick

G. Bewernick

Lasse erzählt

Das erste Lebensjahr aus der Sicht eines Hundes

DeBehr

1. Auflage 2010

Verlag DeBehr, Radeberg
Umschlaggestaltung: Fotolia Copyright by Rebecca Abell
Fotos: Autorin
ISBN-Nr. 978-3-941758-39-1

Inhalt

Hallo,

Mein Name ist Lasse und ich bin ein Cavalier King Charles Spaniel, aber meine Geschichte erzähle ich für alle Hunde und Menschen. Ich weiß, es wird viel über uns Hunde aus der Sicht des Menschen erzählt, aber viele Menschen verstehen uns noch nicht wirklich. Nun möchte ich einmal erzählen, wie ich mein erstes Lebensjahr erlebt habe. Jetzt rede ich!

Das Erste, woran ich mich erinnere, war eine enge Höhle. Ich war von Wasser umgeben, es war schön warm, dauernd trat jemand nach mir und ich war noch blind. Hören konnte ich leider auch noch nicht.

Irgendwann beschloss ich, dass die Höhle zu eng war und sich etwas ändern musste. Ich schob und drückte also in die Richtung, wo ich den Ausgang vermutete. Das war sehr anstrengend. Aber ich schaffte es.

Ich war geboren. Meine Mama war 63 Tage lang trächtig und nun war ich bereit für das Leben.

Draußen fand ich es erst einmal nur kalt. Ein Band, das von meinem Bauch zurück in die Höhle führte, ließ mich nicht weiterkommen.

Aber was war das? Das war doch Mami. Sie leckte mich trocken, wärmte mich und biss die blöde Schnur durch. Nun konnte ich zur Milchbar krabbeln. Ich hatte so einen Hunger! Sehen konnte ich ja nichts. Aber mit dem Riechen ging es gut. So fand ich Mamas Zitzen. Ach, da waren schon welche von meiner Sorte. Nun musste ich aber ein bisschen drängeln. Sonst hätte ich nichts ab von der guten Milch bekommen. Die hatten mich also immer getreten. Manchmal war das ganz schön unangenehm. Es war so eng in Mamas Bauch. Aber nun konnten wir uns gegenseitig wärmen. Das war so kuschelig!

Wir wuchsen in einer Wurfkiste auf, die im Wohnzimmer stand. So bekamen wir von Anfang an das Geschehen im Haus mit. Später hatten wir ein eigenes Zimmer nur für uns. Die Wurfkiste war so groß, dass Mama sich lang hinlegen konnte, um uns zu säugen. An den Seiten der Kiste waren Stangen, die verhindern sollten, dass Mama uns erdrückt, wenn einer von uns an der Wand lag. In der Kiste lag ein weiches Lammfell. Später hatten wir Sägespäne und Heu in unserer Kiste. Den Geruch von dem Heu liebe ich bis heute.

Manche Welpen wachsen in einem Zwinger oder Stall auf. Die sind dann oft nicht gut an den Menschen gewöhnt, wenn sie in ihr neues Zuhause umziehen, und bekommen die Haushaltsgeräusche und viele andere Dinge nicht mit, die für einen Welpen sehr wichtig sind. So können die Welpen nicht viel lernen und manche von ihnen haben später Verhaltensstörungen. Es gibt auch Leute, die die Welpen viel zu früh von der Mutter wegnehmen. Diese Leute wollen einfach nur viel Geld verdienen und nehmen keine Rücksicht auf die Seele der Tiere. Diese Welpen sind oft krank. Manche sterben sogar. Zum Glück ist mir so etwas nicht passiert. Meine Leute sagen immer, dass ich ein ganz toller Hund bin.

Hier kann man die Stangen gut sehen.

In der ersten Zeit hatte ich eigentlich nur getrunken und geschlafen. Mal abgesehen von dem Kampf an den Zitzen mit meinen Geschwistern. Mami wärmte uns und sie leckte mir den Bauch. Es hat sehr gekitzelt. Dann musste ich immer mein Geschäft machen. Aber Mama hat alles wieder sauber gemacht.

Jeden Tag kam eine Menschenfrau. Sie hob mich aus dem Nest, schaute mich an und setzte mich auf einen kalten Teller. Dann freute sie sich und sagte: „Er hat schön zugenommen.“ Was immer das auch heißen sollte. Die Frau war sehr lieb. Am Anfang hatte ich noch etwas Angst vor ihr.

Aber sie streichelte mich und redete leise mit mir. Das hat mir gut gefallen und so hatte ich mich schnell an sie gewöhnt.

Hier bin ich ungefähr zehn Tage alt.

Eines Morgens erkannte ich meine Mutter nicht mehr nur am Geruch. **Ich sah sie auch. Juhu, meine Augen hatten sich geöffnet! Und das schon nach zehn Tagen!** Ach, Mama war sehr schön. Und sie sah so lieb aus. Und meine Geschwister konnte ich auch sehen. Die sahen alle gleich aus, aber ich kann sie gut am Geruch unterscheiden.

Endlich konnte ich anfangen, die Welt zu erkunden oder zumindest unser Nest. Viel konnte man hier nicht erleben. Wir waren eigentlich immer hinterher, zu Essen zu bekommen und uns aneinanderzukuscheln. Aber ich blieb auch lieber noch in der Nähe von Mami und meinen Geschwistern. Mama verließ gelegentlich unser Nest. Dann waren wir ganz alleine und kuschelten uns aneinander. Wo sie wohl hinging? Neugierig war ich schon. Aber wer weiß, was mich draußen erwartet. Irgendwann werde ich ihr hinterherschleichen und mich genau umsehen.

Ich lerne laufen

Als ich ungefähr drei Wochen alt war, hatte ich gemerkt, dass man nicht immer nur kriechen musste. Man konnte doch auch laufen! Das war zwar noch sehr wackelig und mein kleiner Bruder lief am Anfang immer rückwärts, aber wir hatten es bald gelernt. So konnten wir auch viel besser toben und kämpfen. Mancher von uns war etwas grob und dann hat hin und wieder einer geweint. Wir mussten erst lernen, was dem

Anderen wehtut. Meistens hatten wir aber viel Spaß. Wenn wir zu wild waren, hat Mama auch geschimpft. Ich glaube, ihr ging das Gerangel manchmal auf die Nerven.

Die Zähne kommen

Nun merkte ich, wie in meinem Mund kleine spitze Stummel wuchsen. Das fühlte sich komisch an. Oft tat mir auch etwas das Zahnfleisch weh, aber wenn ich dann ganz doll auf etwas herumkaute, wurde es besser. Bald merkte ich, dass meine Geschwister fiepten, wenn ich sie damit gebissen hatte. Das Gleiche probierten sie dann auch bei mir. Mir tat es auch weh und so lernte ich, nicht zu doll zu beißen. **Meine richtigen, großen Zähne bekam ich in der Zeit vom vierten bis zum sechsten Lebensmonat.** Das war komisch. Ich hatte eines Tages beim Fressen einen Milchzahn auf der Zunge, den ich dann einfach verschluckte. Ein anderer Zahn ist mir aus dem Mund gefallen. Mein Frauchen freute sich riesig, als sie ihn fand. Für die Menschen muss das wohl etwas ganz Tolles sein. Die großen Zähne waren nicht mehr so spitz wie die kleinen, aber noch viel stabiler. Ich fühlte mich damit richtig erwachsen.

Eines Tages fiel meine Schwester beim Rumkrabbeln aus unserem Nest. Erst bekam ich einen ordentlichen Schreck, aber dann sah ich, dass sie es da draußen ganz spannend fand.

Sie schaute sich überall um und hat viel geschnüffelt. Als es ihr langweilig wurde und sie Hunger bekam, weinte sie. Dann kam die Frau und hat sie zurück ins Nest gesetzt. Meine Schwester hat dann gaaanz interessant gerochen. Ich beschloss, auch bald einen Ausflug zu machen.

Das ergab sich einige Tage später ganz von allein. Die nette Menschenfrau kam und nahm einen nach dem anderen von uns aus dem Nest und setzte ihn auf den Fußboden unseres Zimmers. Wir hatten uns sehr erschrocken. Was hatte sie mit uns vor? Hier roch es so anders. Alles war so groß und rutschig war es hier auch. Ich konnte kaum laufen. Wo war Mama?

Ich fand sie dann doch ganz schnell wieder. Sie war auch ganz aufgeregt, hatte aber keine Angst. Dann konnte wohl nichts Schlimmes passieren.

Unsere erste Mahlzeit

Die Frau kam mit einer Wanne voller gut riechender Pampe. Jedenfalls kam es mir am Anfang vor, wie eine Wanne. Mama hat daraus gefressen und es schien ihr gut zu schmecken. Das musste ich auch probieren. Das hatten meine Geschwister wohl auch gedacht. Wir stürzten uns alle in die Wanne. Eigentlich war es nur ein großer Napf. Keiner wollte zu kurz kommen und so waren wir am Ende von Kopf bis Fuß mit Futter vollgeschmiert. Aber es war richtig lecker. Endlich gab es mal etwas Anderes als Milch.

Mama und die Frau haben uns danach wieder ganz sauber geputzt und bald hatten wir gelernt, dass man nicht in einen Napf tritt, sondern sich anständig davorstellt. Schließlich war immer für jeden genug da. Wir bekamen jetzt vier Mal am Tag einen großen Napf voller Futter. **Als wir vier Wochen alt waren, mussten wir vorher so ein komisches Zeug trinken. Es sollte gegen Würmer helfen.** Dabei hatten wir doch gar keine Würmer, aber wir sollten ja auch keine bekommen. **Diese Prozedur mussten wir noch zweimal über uns ergehen lassen. Igitt. Jetzt brauche ich diese Wurmkur nur noch zwei Mal im Jahr.** Mir wurde ganz schlecht davon und meine Schwester hat sogar gespuckt.

Nun bekamen wir von Mama immer weniger Milch. Immer öfter jagte sie uns davon, wenn wir an ihren Zitzen nuckeln wollten. Es tat ihr wohl ein bisschen weh, wenn wir mit unseren spitzen Zähnchen in ihre Zitzen gebissen haben. Sie wusste ganz genau, wann es Zeit dafür war, nur noch feste Nahrung zu fressen. Meine Schwester hatte sich einmal so festgesogen, dass sie von Mama mitgeschleift wurde, als sie fortlief. Das sah richtig lustig aus.

Ich glaube, seit wir aus dem Napf fressen durften, rochen die Haufen, die wir danach machten, nicht mehr so gut. Mama hat sie jedenfalls nicht mehr weggemacht. Das machte nun immer die nette Frau. Ich glaube, sie hatte ganz schön viel mit uns zu tun. Außerdem hatten wir auch noch das Nest beschmutzt, da wir unseren Stuhlgang noch nicht kontrollieren konnten. Jeden Tag bekamen wir eine neue Decke und frisches Heu ins Nest. Und wenn wir in dem großen Zimmer umherliefen, rief sie manchmal: „Oh, nicht schon wieder!" Sie stellte uns dann eine große Schale mit einer Streu in unsere Kiste. Da setzte sie uns immer rein, wenn sie sah, dass wir mal mussten. Und wenn wir darin etwas gemacht hatten, hat sie sich sehr gefreut und uns gestreichelt. So lernten wir schnell, dass man dort sein Geschäft macht. Leider hat es nicht immer geklappt. Aber wir haben uns ehrlich Mühe gegeben.

Mit ungefähr drei Wochen kann ich schon ganz gut laufen.

Bald hatten wir auch gelernt, auf dem rutschigen Boden zu laufen. Hier konnte man noch viel besser toben und rennen als in der Kiste. Wir hatten nun viel Platz. Ich legte immer richtige Tiefstarts hin. Meine Geschwister hatten sich immer erschrocken, wenn ich so auf sie zugeschossen kam. Manchmal sind sie dann böse geworden und haben mich angeknurrt und gebissen. Die Spielverderber. Aber wir haben uns immer ganz schnell wieder vertragen. Mein großer Bruder hat sowieso immer viel geknurrt. Der wollte immer bestimmen, was wir spielen und wer mitspielen durfte. Er wollte auch immer als Erster fressen. Er glaubte wohl, dass er was Besseres ist.

Meinen Vater hatte ich inzwischen auch kennengelernt. Er war nie in unser Nest gekommen, aber jetzt, wo wir draußen spielten, war er öfter um uns herum. Aber richtige Lust mit uns zu toben, hatte er nicht. Wir kletterten auf ihm herum und bissen ihm in sein Fell. Manchmal war er etwas ungeduldig. Dann knurrte er. Ich hatte mich am Anfang sehr erschrocken und mich schnell auf den Boden gelegt. Man wusste doch nie, was passiert. So gut kannte ich ihn noch nicht. Als Mama immer weniger Lust hatte, sich um uns zu kümmern, übernahm er die Erziehung. Und Papa war nicht zimperlich. Er schreckte auch nicht davor zurück, uns in den Nacken zu beißen, wenn wir zu wild waren. Natürlich hat das nicht wehgetan, aber erschrocken hatten wir uns trotzdem. Aber ich habe viel gelernt und wusste bald, wie sich ein Hund verhält.

Die nette Frau hatten wir inzwischen schon fast so gerne wie unsere Mami. Wenn sie zu uns kam, haben wir uns sehr gefreut. Wir wussten, dass es dann Futter gibt oder etwas Spannendes passiert. Eines Tages brachte sie uns Bälle und Gummitiere mit. Die haben so schön gequietscht, wenn ich darauf biss. Einmal hatte sie auch einen großen Ball. Da hatte ich reingebissen und dann war er plötzlich mit einem großen Knall verschwunden. Da war ich aber erschrocken. Die Frau hat dann sehr gelacht und sich gefreut. Jeden Tag spielte sie mit uns und so sind wir heute sehr freundlich zu Menschen, da wir wissen: Mit ihnen hat man Spaß.

Zum ersten Mal im Garten

Mein Frauchen hatte auch einen Welpen. Ein Mädchen. Aber ich glaube, bei Menschen heißt es nicht Welpe, sondern Kind. Das Mädchen war sehr lieb zu uns. Sie hat manchmal andere Kinder mitgebracht. Und dann haben wir alle zusammen gespielt. Das fand ich so toll, dass ich mich heute immer noch freue, wenn ich Kinder sehe. Dann erinnere ich mich immer an damals.

Das Mädchen nahm uns eines Tages, als schönes Wetter war, zum ersten Mal mit in den Garten. Inzwischen waren wir fünf Wochen alt. Es war so toll draußen. Natürlich war erst einmal wieder alles fremd. Meine kleine Schwester hat nur da gesessen und geschaut. Sie traute sich nicht, sich zu bewegen. Aber dann sah sie, dass wir anderen tobten und traute sich doch. Im Garten gab es Rasen, der mich am Bauch kitzelte. Ich wollte davon essen, aber es hat nicht geschmeckt.

Und viele Stöcker waren da. Da konnte man toll drauf kauen. Kleine Tiere krabbelten überall herum und durch die Luft flog ein Schmetterling.

Der Wind wirbelte Blätter herum, die ich jagte. Aber sie flogen immer so hoch und ich konnte noch nicht so gut springen und so waren sie schneller als ich. Wartet nur, ich werde auch größer.

Mitten im Garten stand eine große blaue Wanne. Das Mädchen wollte, dass wir da hineingehen. Aber sie war doch voll mit Wasser. Das traute ich mich nicht. Ich hatte dann vorsichtig eine Pfote reingestupst. Es fühlte sich gut an. Das Mädchen lockte uns mit Leckerchen. Denen konnten wir nicht widerstehen. Das Baden hat sooo viel Spaß gemacht. Seit diesem Tag sind wir immer wieder dort hineingegangen.

Plötzlich kam ein anderes Tier in den Garten. Es war kein Hund, sah aber so ähnlich aus. Aber es machte komische Sachen. Es starrte mich immer so an. Wie unhöflich. Manchmal hat es uns geschlagen, obwohl es vorher mit dem Schwanz gewedelt hat. So ein falscher Hund! Also damals beschloss ich, dass ich immer vorsichtig sein werde, wenn ich so ein Tier treffe. Oder ich jage es aus meinem Revier. Ich glaube, es heißt Katze.

Am Abend waren wir sehr müde und erschöpft. Der Ausflug in den Garten war sehr spannend, aber auch sehr anstrengend. Ich hatte viele neue Dinge kennengelernt.

Der Staubsauger

Ungefähr eine Woche später gab es plötzlich großen Krach. Wir zitterten vor Schreck und kuschelten uns aneinander. Die Frau kam mit einem komischen Tier zu uns ins Zimmer. Es hatte einen riesigen Körper und einen langen Hals. Sie schob den Kopf des Tieres immer auf dem Boden hin und her. Wir dachten, es wollte uns fressen. Bald merkten wir, dass das

„Ding“ uns nichts tat. Es machte einfach nur viel Lärm. Die Frau kam nun jeden Tag damit zu uns und irgendwann störte es uns nicht mehr. Heute weiß ich, dass es ein Staubsauger war. Trotzdem frage ich mich immer noch, warum die Menschen jeden Tag mit diesem Ding durch die Wohnung rennen. Auch viele andere Geräusche flößten uns am Anfang Angst ein. Später konnten wir nur darüber lachen und spielten einfach weiter.

Beim Tierarzt

Als wir ungefähr acht Wochen alt waren, lud uns die nette Frau alle zusammen in eine Kiste. Dann machte sie den Deckel der Kiste zu und trug uns fort. Meine Mama war nicht dabei. Nun hatten wir doch Angst. Wo brachte sie uns hin? Was passierte? Wo war Mama? Eine Tür schlug zu und ein Motor sprang an. Dann fing es an, zu schaukeln. Manchmal verloren wir sogar das Gleichgewicht. Ein bisschen war mir schlecht. Nach einer, zum Glück nicht allzu langen Fahrt waren wir am Ziel. Aber was kam jetzt? Die Frau trug uns in der Kiste in ein Haus und stellte sie auf einen Tisch. Hier roch es aber komisch, irgendwie nicht gut.

Ein fremder Mann öffnete die Kiste und schaute uns an. Am liebsten wären wir in einem Mäuseloch verschwunden. Was wollte der von uns? Als Erstes nahm er meine Schwester aus der Kiste. Er schaute sie von allen Seiten an, drückte überall und schaute in die Ohren. Meine Schwester war ganz tapfer. Aber dann nahm der Mann ein Ding mit einer Spitze dran und stach es meiner Schwester in die Schulter. Nun hat sie doch geweint. Sie bekam ein Leckerli und alles war wieder gut.

Das machte der Mann mit jedem von uns. Alles war halb so schlimm. **In meiner Aufregung hatte ich nur das Wort "Impfung" gehört. Die musste ich nun noch in der 12. und 16. Woche, mit 15 Monaten und nun einmal jährlich über mich ergehen lassen. Also dieser Tierarzt ist wirklich nicht mein bester Freund.**

Hoffentlich werde ich nie krank.

Nachdem einige Tage vergangen waren und wir uns wieder erholt hatten, bekamen wir Besuch. Es kamen viele Leute und sahen uns an. Sie streichelten uns, spielten mit uns und waren sehr nett. Ich lief gleich auf eine nette Frau zu und leckte ihr die Hand ab. Ich hatte sie auf Anhieb in mein Herz geschlossen. Meinetwegen hätte sie gerne bei uns bleiben können. Die Frau meinte: „Der ist ja süß. Den möchte ich gerne haben. Er hat mich ausgesucht.“ Wir kuschelten noch etwas zusammen, spielten mit einem Ball und am Abend ging die Frau wieder fort. Mal sehen, ob ich sie noch einmal wiedertreffe. Vielleicht kommt sie noch öfter zum Spielen.

Die Frau war sehr nett. Und ich hatte sie gleich lieb.

Am nächsten Tag wurden wir wieder in die Kiste geladen und fuhren mit dem Auto fort. Dieses Mal war es uns nicht schlecht und wir hatten keine Angst. Wir wussten nun, dass nichts Schlimmes passiert. Meine Mami war auch dabei. Nach einer etwas längeren Fahrt wurde die Kiste geöffnet und ich sah ganz viele riesige, dicke Stöcker, die im Boden steckten und an denen viele Blätter hingen. Heute weiß ich, dass die Stöcker Bäume heißen. Hier roch es aber gut nach nasser Erde und fremden Tieren. Wir durften aussteigen und umhertollen. Unsere Menschen-Mami war auch dabei. Manchmal hockte sie sich hin und rief nach uns. **Wenn wir dann angerannt kamen, streichelte und lobte sie uns ganz toll.**

Dann kamen wir an einem kleinen Bach vorbei. Ich konnte im Wasser einen anderen kleinen Hund sehen. Heute weiß ich, dass es mein Spiegelbild war. Als ich an ihm riechen wollte, fiel ich in den Bach. Oh, wie war das kalt! Ich dachte, dass ich jetzt ertrinken würde, aber die Frau hat mich schnell wieder herausgeholt. Nun hatte ich Angst vor dem Bach. Wir gingen dann aber noch öfter dorthin und unsere Menschen-Mami gewöhnte mich sehr vorsichtig wieder an den Bach. Bald war der kleine Unfall vergessen. Heute habe ich keine Angst mehr vor Wasser.

Eigentlich hatte ich gedacht, mein Leben würde immer so weitergehen. Spielen, essen, kuscheln, schlafen. Ich dachte, dass ich immer mit meinen Geschwistern und meiner Mami zusammenbleiben würde. Aber dann kam alles ganz anders...

Heute gehe ich gerne in einen Fluss.

Mein neuer Lebensabschnitt

Als ich zehn Wochen alt war, kam die Frau wieder, die mich schon einmal besucht hatte. Ich freute mich sehr, sie zu sehen, aber irgendwie war alles komisch. Meine Mama und die Frau, bei der ich bis dahin gelebt hatte, waren ganz aufgeregt. Ich bekam ein Halsband um, das sehr am Hals gejuckt hat. Ein großes Futterpaket und ein Tuch aus meinem Bett wurden zusammengepackt. Die Menschen sprachen viel miteinander. Meine Menschen-Mama nahm mich auf den Arm und küsste mich. Ich verstand nicht, warum sie weinte. Dann trug sie mich ins Auto und ich dachte, juhu, wir machen einen Ausflug. Aber sie stieg nicht mit ein. Stattdessen stiegen die neue Frau und ihr Mann ein. Oh je, was passierte hier? Ich wollte zu meiner Mama und meinen Geschwistern. Ich wollte nicht alleine fort.

Aber im Auto lag das Tuch aus meinem Bett. Das roch sooo gut nach Zuhause. Und mein neues „Frauchen“ streichelte mich und war sehr lieb zu mir. Langsam verlor ich meine Angst. Ich dachte mir, dass vielleicht doch alles ganz schön wird und ich in ein neues Abenteuer hineinfahre.

Irgendwann musste ich wohl eingeschlafen sein. Aufgewacht war ich, weil das Auto stand und mein neues Frauchen mich auf den Arm nahm.

Sie trug mich einen schmalen Weg entlang, an einem Haus vorbei und setzte mich auf eine Wiese. Hier war ich nun. Alles roch so anders und war mir fremd. Aber es war auch interessant. Ich beschloss, dieses neue Zuhause genau zu erkunden.

Viele bunte Blumen gab es hier. Den Geruch fand ich nicht so toll und musste niesen. Und einen kleinen Teich gab es. Da schwammen rote Tiere drin. (Ich weiß doch, es sind Fische.) Ob die wohl einmal zum Spielen herauskommen würden? Bis heute haben sie es leider nicht getan.

Irgendwann rief mich mein Frauchen mit meinem neuen Namen. Ich hieß jetzt „Lasse“. Der Name gefällt mir gut. Ich lief zu ihr und bekam ein Leckerli. Das war also der Grund, warum sie mich gerufen hatte. Sie wollte ihr Futter mit mir teilen. Wie lieb von ihr. Es lohnte sich also, zu den Menschen zu laufen, wenn sie riefen.

Gemeinsam gingen wir zum Haus. Mein Frauchen ging durch eine Tür und ich sollte folgen. Aber da waren wieder neue Gerüche. Ich rätselte, was mich darin erwartete. Vorsichtig setzte ich einen Fuß über die Schwelle, dann den anderen und irgendwann war ich drin. Nichts passierte. Es war doch ganz spannend hier. Doch da, auf dem Schrank saß eine Katze! Die sind komisch, das wusste ich schon. Als sie mich sah, machte sie sich mit einem fürchterlichen Geräusch ganz groß und zeigte mir die Zähne. Sollte ich fliehen? Andererseits - solange sie da oben saß, konnte nichts passieren. Mein Frauchen ging mit mir durch die ganze Wohnung. Überall durfte ich schnüffeln. Es standen auch zwei Näpfe für mich da. Einer war für Wasser, der andere für Futter. Ich hatte das Gefühl, hier würde es mir gut gehen.

Ich habe meine eigenen Näpfe, die es in allen Formen und Farben gibt. Das Futter sollte sehr ausgewogen und abwechslungsreich sein, damit keine Mangelerscheinungen auftreten und der Magen-Darmtrakt gut trainiert wird.

Es war alles so aufregend, dass ich dringend ein Geschäft verrichten musste. Aber wo? Auf der Suche nach dem geeigneten Platz schnüffelte ich überall herum, lief im Kreis, hin und her und als ich mich hinhocken wollte, nahm mich mein Frauchen auf den Arm und trug mich in den Garten. Ach hier war also der richtige Platz! Ja, hier hatte ich vorhin schon einmal etwas gemacht. Das konnte ich noch riechen. So lief es jetzt jedes Mal ab. Wenn ich musste, nahm mich mein Frauchen mit in den Garten. So hatte ich schnell gelernt, Bescheid zu sagen und wusste, wo ich mein Geschäft verrichten sollte und wo nicht. Es passierten mir zwar noch einige Missgeschicke und das war mir auch sehr peinlich, aber ich hatte die Angelegenheit bald ganz gut im Griff.

Später zeigte mir mein Frauchen, dass sie leckeres Futter in meinen Napf gefüllt hatte. Durfte ich das jetzt essen? Oder war es vielleicht ihr Futter und sie biss mich, wenn ich daran ginge? Aber sie reichte mir mit der Hand einen Brocken und forderte mich zum Fressen auf. Also war es tatsächlich für mich. Aber so alleine fressen? Ohne meine Geschwister? Nein, ich hatte keinen Appetit. Das änderte sich aber in den nächsten Tagen. Ich hatte mich eingelebt, fing an, meine neue Familie zu lieben und nach und nach vergaß ich mein altes Zuhause. Bald war es so, dass ich es kaum erwarten konnte, bis der Napf auf dem Boden stand und ich fressen konnte.

Zum Schluss zeigte Frauchen mir mein neues Bett. Das war kuschelig und das Tuch von zu Hause war auch da. Es roch so gut. Und da sollte ich jetzt ganz alleine drin schlafen? Ohne Geschwister? Vielleicht legte sich mein Frauchen mit hinein? Das tat sie natürlich nicht, denn wie ich später sah, hatte sie ein eigenes Bett. Und das war viel schöner und größer als meins. Vielleicht durfte ich mit bei ihr schlafen? Aber mein Frauchen legte sich allein in ihr großes Bett. Es wäre doch viel netter gewesen, uns aneinanderzukuscheln. Das musste sie doch auch so sehen.

Ich sprang also wieder aus meinem Körbchen und kratzte an ihrer Decke. Vor Sehnsucht musste ich auch ein bisschen weinen. Aber mein Frauchen war hart. Sie stand auf und brachte mich zurück an meinen Platz. So ging das noch eine Weile. Es hatte keinen Zweck, ich hatte keine Chance. Irgendwann schlief ich dann vor Erschöpfung ein. Ich gewöhnte mich schnell daran, alleine in einem Körbchen zu schlafen und irgendwie war ich auch ein bisschen stolz darauf, ein eigenes Bett zu haben. Inzwischen freue ich mich jeden Abend auf mein Bett an der Seite meines Frauchens. Ich habe gehört, dass es so böse Hunde gibt, die zuerst mit im Bett der Menschen schlafen durften und später alleine darin liegen wollten. Diese Hunde versuchen immer mehr vom Revier (der Wohnung) für sich zu beanspruchen und verteidigen ihre Eroberungen auch. Wenn die Menschen nicht aufpassen, haben sie irgendwann nichts mehr zu sagen und der Hund übernimmt die Rudelführung.

Aller Anfang ist schwer

Am nächsten Tag band mein Frauchen eine lange Schnur an mein Halsband. Die schliff mir nun beim Laufen immer hinterher. Manchmal verhedderte ich mich auch darin. Na gut, wenn sie es so haben wollte. Nach einiger Zeit nahm sie das Ende der Schnur in die Hand und ging langsam fort. Was zerrte sie denn so? Ich wollte doch lieber in die andere Richtung. **Nun hockte mein Frauchen sich hin und rief mich zu sich. Mir fiel wieder ein, dass es etwas Gutes gab, wenn man gehorchte. Und tatsächlich: Als ich bei ihr ankam, hatte sie ein tolles Leckerchen für mich. So lernte ich, dass es sich wirklich lohnte, hinter der Leine herzulaufen und auf seinen Namen zu hören.** Manchmal passiert es mir allerdings auch heute noch, dass ich aufgeregt bin und vergesse, dass an mir eine Leine hängt und ich einfach losrenne. Das finden meine Leute nicht so witzig und dann schimpfen sie mit mir.

Nun hatte ich mich an die Leine gewöhnt und es kam der Tag, an dem wir nicht mehr nur im Garten umherliefen, sondern wir gingen auf die Straße. Das war nun wieder alles neu und aufregend. Es gab so viel zu schnüffeln! Am Straßenrand standen Bäume und ich merkte zum ersten Mal, dass es noch andere

Hunde außer mir und meiner „Hundefamilie“ gab. Ich konnte genau riechen, wer wann dort gewesen war.

Plötzlich kam ein Auto angebraust. Solche Dinger kannte ich schon, aber dieses kam genau auf uns zu. Hilfe, es überfährt uns! Mit viel Krach raste es an uns vorbei. Puh, noch einmal Glück gehabt. Oh nein, da kam noch eins. Aber auch das fuhr vorbei. Langsam begriff ich, dass die Autos immer auf der schwarzen Spur blieben. Dann brauchte ich also auf dem Gehweg keine Angst zu haben. Ich konnte mich ganz auf die interessanten Gerüche konzentrieren. Und da kam auch ein Mensch. Ob das wohl mein altes Frauchen war? Ich musste zu ihr und sie begrüßen. Aber ich hing an der Leine. Mein Frauchen ließ mich Sitz machen. Das war schwierig für mich, weil ich schnell zu der Frau laufen wollte. Aber ich gehorchte. Zur Belohnung gab es ein Leckerli. Es hatte sich also wieder gelohnt. Dann gingen wir gemeinsam zu der Frau. Ich sprang an ihr hoch und begrüßte sie. Das durfte ich aber auch nicht. Ich musste wieder sitzen. Die Frau streichelte mich. Es war zwar nicht mein altes Frauchen, aber sie war auch sehr nett. Dieser kleine Ausflug hatte mir erst einmal gereicht. Ich war noch klein, konnte noch nicht so weit laufen und die ganzen neuen Eindrücke strengten mich doch sehr an. Wieder zu Hause genoss ich erst einmal meinen wohlverdienten Schlaf.

Unsere Spaziergänge wurden nun täglich ein Stück länger und eines Tages führte uns unser Weg in einen Park. Hier gab es wieder viel zu entdecken. Ich lernte, dass man hier nicht in die Beete laufen darf und dass sich nicht jeder Mensch freut, wenn man ihn begrüßt. Manche Leute waren sogar richtig gemein und schimpften. Dabei möchte ich nur spielen. Manche Hunde fanden es auch nicht gut, wenn ich zu stürmisch war. Die knurrten dann ganz böse. **Ich legte mich immer ganz schnell auf den Rücken, damit sie merkten, dass ich mich unterwerfe und sie als ranghöher akzeptierte.** Das ist sehr wichtig, sonst kann es passieren, dass man gebissen wird. Und dazu hatte ich überhaupt keine Lust. Manche Leute sagen, dass es Welpenschutz gibt, aber das ist nur im eigenen Rudel so. Viele Hunde sind auch schlecht sozialisiert und unberechenbar. Die machen keinen Unterschied zwischen einem Welpen und einem erwachsenen Hund. Wenn ich als Welpe gebissen worden wäre, dann wäre ich heute vielleicht nicht so ein toller Hund und hätte eine Macke. **Bis zur 16. Woche ist die Prägungsphase und alles, was Hunde in diesem Alter lernen, vergessen sie nicht mehr. Das ist bei jedem Hund so, glaube ich. In dieser Zeit habe ich sehr viel gelernt. Und das Lernen fiel mir leicht. Je älter ein Hund wird, desto schwieriger wird es mit dem Lernen und der Gewöhnung an neue Situationen.** Deshalb ist mein Frauchen auch schon sehr früh mit mir überall hingegangen.

Ich habe im Park viele Freunde gefunden. Wir toben immer ganz toll auf den großen Wiesen. Wir jagen uns gegenseitig und kämpfen miteinander. Mit meinem Frauchen macht das Spielen auch viel Spaß, aber mit den anderen Hunden ist es fast noch besser. Wenn mein Frauchen mich dann irgendwann ruft, weil sie nach Hause gehen möchte, fällt mir das Gehorchen manchmal ganz schön schwer. Aber ich weiß, dass es dann etwas Gutes gibt. Und das nächste Abenteuer wartet auf mich.

Die Hundeschule

Als ich zwölf Wochen alt war, machten wir etwas ganz Neues. Ich dachte zuerst, es wird ein ganz normaler Spaziergang. Aber dann stiegen wir in ein gaaanz großes Auto, in dem sehr viele Menschen saßen. Ich hatte ein bisschen Angst, aber mein Frauchen war ganz ruhig und hat sich auch auf einen Stuhl gesetzt. Mich nahm sie auf den Schoß. So hatte ich mich schnell beruhigt und eigentlich war die Fahrt ganz schön.

Irgendwann stiegen wir aus und ich war an einem unbekannten Ort. Wir kamen auf eine große Wiese. Dort gab es viele Spielgeräte: Kleine Hütchen, eine Wippe und lange Stangen steckten im Boden. Hurra, ein riesiger Spielplatz! Von Weitem konnte ich schon riechen, dass hier viele Hunde waren. Hören konnte ich sie auch. Die anderen Hunde waren ungefähr so alt wie ich und ich durfte mit ihnen spielen.

Die Welpen waren in zwei Gruppen eingeteilt. In der einen Gruppe waren die kleineren Rassen, in der anderen die großen. Ich war bei den kleineren. Gerne hätte ich auch mit den Großen gespielt, aber heute weiß ich, dass es so besser war. Die großen Rassen sind zwar genauso wild wie die kleinen, aber sie sind viel schwerer und oft auch plumper. So kann es schnell einmal passieren, dass die kleineren Hunde im Spiel verletzt werden.

Das war eine Freude! Wir tobten, jagten uns gegenseitig und kämpften miteinander. Zwischendurch hörte ich die Stimme meines Frauchens. Ich war hin- und hergerissen zwischen dem Spielen und einer Belohnung. Die Belohnung gewann - nicht immer, aber immer öfter. Bald hatte ich auch gelernt, dass ich wieder spielen durfte, wenn ich mein Leckerli abgeholt hatte. Ein kleines Hundemädchen mochte ich besonders gerne. Wir sind heute noch befreundet und ich freue mich jede Woche auf sie, wenn wir zur Hundeschule gehen, auf. Die nächsten Male in der Welpenschule liefen ähnlich ab. Es wurde getobt bis zum Umfallen und wir waren eine tolle Hundegruppe. Auch die Menschen freundeten sich miteinander an.

Allmählich kamen andere Dinge hinzu. Einmal sollte ich durch einen Tunnel laufen. Am anderen Ende saß mein Frauchen und rief mich. Es wäre doch einfacher gewesen, außen herum zu laufen. Warum sollte ich da hindurch? Der Stoff flatterte so unheimlich im Wind. Aber dann konnte ich dem Locken meines Frauchens doch nicht widerstehen. Sie hat sich dann so toll gefreut und mich gelobt, dass ich ihr den Gefallen gerne wieder tat und später ohne zu zögern durch den Tunnel gerannt bin.

Dann kam der große Steg. Vom Boden führte ein schräges Brett hinauf und auf der anderen Seite wieder hinunter. Mein Frauchen legte viele Leckerlis darauf und lockte mich. Ein bisschen wackelig war das und ich hatte Angst, herunterzufallen. Ganz langsam tastete ich mich von einem Leckerli zum nächsten - und so hatte ich es geschafft. Heute brauche ich keine Leckerlis mehr. Wie der Wind kann ich über den Steg laufen. Das hat mich aber auch einige Übung gekostet.

Irgendwann kamen die großen Stangen dran, die aufrecht im Boden steckten. Mein Frauchen machte mir vor, was ich tun sollte: Im Slalom lief sie durch die Stangen hindurch. Ich dachte mir, dass es sehr dumm ist, im Slalom zu laufen. Geradeaus dran vorbei ginge doch viel schneller. Also nahm mein Frauchen mich an die Leine. Sie hatte ein Leckerchen in der Hand und lockte mich damit durch die Stäbe. Da ich das Wurststück gerne haben wollte, folgte ich ihr. Bald hatte ich begriffen, dass die ganze Sache ein Spiel war und dass es nicht darum ging, was schneller war. Heute macht es mir einen Riesenspaß, wie der Blitz durch die Stäbe zu rennen.

Als ich älter wurde, kamen noch andere Übungen hinzu. Ich musste zum Beispiel sitzen bleiben und mein Frauchen ging einige Schritte fort. Am Anfang lief ich ihr immer hinterher. Bald hatte ich gelernt, dass ich erst loslaufen durfte, wenn sie mich rief. Manchmal hat sie sich auch versteckt und ich musste sie suchen. Ich lernte auf Kommando Sitz oder Platz zu machen und mich erst wieder zu bewegen, wenn ich den Befehl bekam. Auch das Laufen an der Leine haben wir ausgiebig geübt. Heute bin ich ein gut erzogener Hund und habe die Begleithundeprüfung bestanden. Bei der Prüfung musste ich zeigen, wie gut ich gehorchen kann und wie gut mein Frauchen und ich zusammenarbeiten können. Mein Frauchen war sehr aufgeregt und ich spürte, dass etwas Spannendes passierte. Aber wir haben die Sache toll gemeistert. Die Arbeit und das viele Training hatten sich gelohnt.

Zu Hause haben wir fleißig „Sitz und Platz" geübt.

Mein erster Urlaub

Im Sommer wurde das Auto vollgepackt mit Koffern und Taschen. Auch meine Decke und meine Näpfe wurden eingeladen. Zogen wir um? Was passierte wohl dieses Mal? Wir mussten sehr lange mit dem Auto fahren. Ich schlief die meiste Zeit. Was sollte ich auch sonst tun? Es war so eng im Auto, dass ich mich kaum bewegen konnte. Zwischendurch hatten wir einige Pausen gemacht. Ich dachte jedes Mal, wir wären am Ziel und hatte mich schon gefreut, aber immer wieder musste ich ins Auto und es ging weiter. Aber irgendwann waren wir doch da.

Hier gefiel es mir gut. Es gab ein schönes Haus und einen großen Garten und, so weit ich sehen konnte, nur Gras und Sand. Sogar große Sandberge waren hier. Es machte einen Riesenspaß, dort hinunterzurennen und zu kugeln. Das war also kein Umzug, sondern Urlaub. Das könnten wir öfter machen. Was war wohl hinter den großen Sandbergen?

Am nächsten Tag sollte ich es erfahren. Während eines Spazierganges erklommen wir einen besonders großen Berg. Ich hörte schon von Weitem ein lautes Tosen und der tolle Geruch wurde immer stärker. Oben auf der Düne (so heißen die Berge nämlich) blies mir der Wind um die Nase. Was war denn das? So ein großer See? Und die riesigen Wellen! Es war herrlich. So musste Freiheit aussehen. Ich konnte rennen, rennen, rennen. Wir gingen sehr lange am Wasser entlang. Meine Menschen suchten immer etwas auf dem Boden und steckten es in eine Tüte und für mich gab es tausend neue Gerüche.

Ich fand einen weißen Klecks im Sand. Da konnte man sich doch herrlich drin suhlen. Warum schrien die Menschen denn so und jagten mich dort fort? Ich glaube, sie fanden es nicht so toll wie ich. Sie haben wohl eine andere Auffassung von guten Düften. Auf jeden Fall wurde ich später gebadet.

Ganz schön windig war es am Wasser.

Wir kamen an einem großen Baumstamm vorbei. Hier war schon ein Hund vor mir gewesen, das konnte ich riechen. **Wie hatte ich es denn erst neulich bei einem Rüden gesehen? Der hatte ein Hinterbein gehoben und an einen Baum gemacht. Das musste ich auch probieren. Schließlich war ich kein Baby mehr, sondern schon fünf Monate alt.** Ich wäre beinahe umgekippt ... Es war eben doch schwerer als es aussah. Aber Übung macht bekanntlich den Meister und heute bin ich ein Meister. Die Mädchen heben nicht das Bein und sie machen auch nicht an jeden Busch. Die müssen auch nicht ihr

Revier markieren, um den anderen Hunden zu zeigen, dass sie da waren. **Die markieren nur, wenn sie läufig sind. Dann hocken sie sich alle paar Meter hin. Damit wollen sie die Rüden anlocken. An der Markierung können wir alles erkennen.** Welcher Hund da war, wann er da war und wie groß er war. Das ist für uns wie Zeitunglesen. Da kann ich mich stundenlang dran aufhalten, aber meine Leute wollen immer so schnell weitergehen. Die scheint überhaupt nicht zu interessieren, wonach es draußen riecht. Aber ich glaube, die können sowieso nicht so gut riechen wie wir.

Nach so einem Spaziergang war ich immer sehr geschafft und musste mich erst einmal ausruhen und die neuen Eindrücke verarbeiten.

Ausflug in die Stadt

An einem anderen Tag fuhren wir mit dem Auto in die Stadt. Das war ganz neu für mich. Hier gab es viele Geschäfte und es waren sehr viele Menschen unterwegs. Am Anfang versuchte ich noch an jedem Menschen zu schnüffeln, um ihn zu erkennen, aber bald musste ich einsehen, dass ich überfordert war. Die Leute, die nicht zu mir gehören, können mir auch egal sein.

Wir gingen in verschiedene Geschäfte. Zuerst war ich ein bisschen unsicher. Ich wusste nicht, was mich da drinnen erwartete. Aber ich kann Euch sagen, man kann getrost hineingehen. Keiner kümmert sich dort um einen Hund. Eigentlich ist es dort ziemlich langweilig. Ich weiß überhaupt nicht, was die Menschen da drinnen wollen. Da gibt es überhaupt keine Markierungen. Einmal musste ich auch draußen warten. Es roch in dem Laden so gut nach Wurst. Da hätten sie mich ruhig mit hineinnehmen können. Das wäre doch auch einmal für mich interessant gewesen. Ich wurde einfach an eine Laterne gebunden. Ich dachte schon, meine Leute kommen nicht wieder und war sehr nervös. Aber nach einiger Zeit tauchten sie doch wieder auf. Da war ich aber erleichtert. Heute kann ich ganz ruhig warten und mir die Gegend ansehen. Ansonsten ist es, finde ich, für einen Hund nicht so toll in der Stadt. Man kann nicht toben und muss die ganze Zeit lieb an der Leine laufen. Ich finde das echt langweilig. In der Zeit hätte ich zu Hause Kraft für den nächsten Spaziergang sammeln können.

Genauso war es auf dem Flohmarkt, auf den wir als Nächstes gingen. Schon alleine der Name! Ich bin froh, wenn ich keine Flöhe bekomme. Da gehe ich doch nicht freiwillig auf einen Flohmarkt. Manchmal sind die Menschen aber auch zu komisch. Dort musste ich auch die ganze Zeit an der kurzen Leine laufen und es waren noch mehr Menschen unterwegs als in der Stadt. Ich sah nur die Beine der Leute und immer musste ich aufpassen, dass mich keiner trat. Das fand ich sehr anstrengend. Das sollte man seinem Hund ersparen. Aber meine Leute sind auch nur einmal mit mir dort gewesen. Die hatten wohl gemerkt, dass es mir nicht gefiel.

Am nächsten Tag war es sehr warm und wir gingen wieder an das große Wasser. Dort war es etwas kühler. Da ich bald Durst hatte, trank ich aus dem Meer. Da wäre mir beinahe schlecht geworden, denn das schmeckte ganz fürchterlich. Zum Glück bekam ich dann richtiges Wasser aus meinem Napf. So konnte ich den Geschmack wieder weg bekommen.

Meine Menschen hatten sich ausgezogen. (Was ich schon merkwürdig fand, denn sonst tun sie das nur, wenn sie ins Bett gehen. Das finde ich auch immer ganz schön umständlich. Vor allen Dingen ziehen sie sich am Morgen wieder an. Da könnten sie sich das Ausziehen eigentlich sparen. Manchmal muss ich mich schon wundern.) Und dann sind sie alle ins Wasser gerannt. Erst lief ich hinterher, aber dann kam eine große Welle und ich nahm lieber Reißaus. Mein Frauchen lockte mich und sie schien überhaupt keine Angst zu haben. Ich nahm einen Anlauf und noch einen und noch ... und ganz viele, bis ich mich hineintraute. Über die Wellen konnte ich hinwegschwimmen, denn **schwimmen kann ich von Natur aus.** Das brauchte ich nicht zu üben. Nur die Angst musste ich überwinden. Aber dann genoss ich es doch, mit meinem Frauchen zu schwimmen. Seitdem ging ich immer wieder ins Wasser. Nur zum Trinken ging ich lieber an Land.

Am Wasser habe ich viele Freunde gefunden.

Irgendwann kam der Abschied von unserem Feriendomizil. Alle Koffer wurden wieder gepackt, das Haus gereinigt und die lange Rückfahrt begann. Die meiste Zeit hatte ich verschlafen und von der großen Freiheit am Meer geträumt.

Zuhause drehten wir erst einmal eine lange Runde. Und da ich jetzt ein großer Hund war, konnte ich mit meinen Markierungen allen anderen Hunden mitteilen, dass ich wieder da war. Als alle Sachen ausgepackt waren, gab es ein leckeres Abendbrot. An diesem Tag gingen wir früh schlafen. Ich hatte es riesig genossen, wieder in meiner gewohnten Umgebung zu sein. Zu Hause ist es eben doch am schönsten.

Mein erstes Date

Einige Wochen später, es wurde schon langsam Herbst und die ersten Blätter wurden gelb, nahm ich plötzlich einen ganz besonderen Duft wahr. Es roch so gut, dass ich diesem Geruch unbedingt folgen musste. Das war so ein Tag, an dem ich an der Leine zog. Mein Frauchen war sehr verwundert und ärgerte sich auch ein bisschen über mein Verhalten. Mir ging das alles nicht schnell genug. Konnte sie sich nicht etwas beeilen? Wir mussten schleunigst in den Park.

Und dort war sie: eine wunderschöne Hündin. Und gut gerochen hat sie! Mein Frauchen machte die Leine ab und ich rannte wie der Blitz zu der Schönen. Sie begrüßte mich sehr freundlich, wehrte aber mein wohl doch etwas aufdringliches Werben rigoros ab. Wieso stellte sie sich denn so an? Ich wollte doch nur nett sein. Mein Frauchen merkte bald, dass da etwas nicht stimmen konnte, aber mir fiel das Gehorchen sehr schwer. Das nette Mädel war viel wichtiger und das musste mein Frauchen doch einsehen. Irgendwann kam ein älterer Rüde hinzu. Der fand es nicht so lustig, dass ich das Weibchen so umwarb. Erst zeigte er mir nur seine Zähne, dann knurrte er und das war für mich der Zeitpunkt, an dem ich es für besser hielt, den Rückzug anzutreten. Ich wollte ungern gebissen werden und er hatte durch sein Alter nun einmal mehr Rechte. In einem Rudel paaren sich normalerweise auch nur die Leittiere. Und so weit war ich noch lange nicht. So groß und stark war ich dann doch noch nicht. Mein Frauchen nahm mich an die Leine, aber sie hatte so ihre Schwierigkeiten, mich mit sich zu zerren. Seit dem Tag kann ich es kaum erwarten, in den Park zu kommen. Es könnte ja täglich passieren, dass ich dort ein Rendezvous habe.

Bald waren die Bäume kahl, alle Blätter lagen auf dem Boden und ich hatte ausgiebig darin getobt. Im Garten hatte ich meinem Frauchen beim Harken geholfen. Ich weiß nicht, ob sie es als Hilfe angesehen hat. Ich war vor ihr herumgesprungen und hatte ihre zusammengeharkten Blätterhaufen durch mein Toben wieder auseinander gefegt. Aber irgendwann war das letzte Blatt auf dem Komposthaufen gelandet. Für mich sah die Welt nun ganz verändert aus, aber jede Jahreszeit hat etwas Spannendes.

Toben und rennen mit anderen Hunden ist zu jeder Jahreszeit das Schönste. Mit den Menschen macht es auch viel Spaß, aber leider können die nicht so schnell rennen, riechen nicht so gut und verstehen uns nicht immer. Und vor allem purzeln sie nicht mit uns auf dem Boden herum.

Mein erstes Weihnachtsfest

Eines Tages schleppte mein Herrchen eine große Tanne ins Wohnzimmer und stellte sie neben dem Kamin auf. Ich wunderte mich etwas darüber, dachte mir aber, dass es ein guter Baum wäre, um meine Markierung zu hinterlassen. Das fanden meine Leute aber überhaupt nicht lustig und jagten mich davon. Mir wurde klar, dass es nach wie vor verboten war, im Haus zu pinkeln. Mir war nur schleierhaft, warum sie dann einen Baum ins Wohnzimmer stellten.

Nun hängte mein Frauchen ganz viele bunte Dinge in den Baum. Alles glitzerte und ich konnte mich in den Kugeln spiegeln. Für mich waren es schöne Spielsachen, aber irgendwie passten die Menschen immer auf, dass ich dem Baum nicht zu nahe kam. Die Sachen waren wohl nicht für mich gedacht. Am Nachmittag legten sie ganz viele bunte Päckchen unter den Baum. Damit durfte ich doch bestimmt spielen. Aber nein, auch das durfte ich nicht. Später klingelte es an der Tür und wir bekamen Besuch. Ich freute mich riesig über die vielen Leute und war sehr aufgeregt. Alle saßen dann am Tisch und haben gegessen. Das hat sooo lecker gerochen. Und was war mit mir? Ich musste in meinem Körbchen liegen und zusehen. Vielleicht bekäme ich den Rest, wenn die Menschen satt waren? Aber nix da. Ich bekam das gleiche Essen wie an jedem Tag.

Ein bisschen veräppelt komme ich mir schon vor.

Am Abend wurde es ganz feierlich und gemütlich. Am Baum brannten Lichter und auch die Kerzen am Kranz auf dem Tisch wurden angezündet. Im Kamin flackerte ein warmes Feuer. Dann setzten sich alle vor den Baum und auch ich wollte natürlich dabei sein. Um nicht wieder in mein Körbchen geschickt zu werden, setzte ich mich ganz brav dazu und wartete ab, was geschah. Reihum nahm immer jemand ein Päckchen und wickelte das bunte Papier ab. Das wollte ich auch. Noch war ich aber nicht an der Reihe. Das bunte Papier legten die Menschen beiseite. Ich durfte damit spielen. Alles hatte ich kurz und klein gerupft. Das hat Spaß gemacht und niemand hat geschimpft. Zum Schluss bekam ich auch ein Päckchen. Nun durfte ich das Papier abreißen und zum Vorschein kam ein riesiger Knochen. Also dieses Weihnachten, wie es bei den Menschen heißt, fand ich einfach super. Das könnten die ruhig öfter machen. Später am Abend, nachdem die Menschen langweilig am Tisch gesessen hatten, ging der Besuch nach Hause. Wir drehten noch eine kleine Runde und dann war Schlafenszeit. Das war ein aufregender Tag.

Nun auch noch Knallerei

Kurz nach dem Weihnachtsfest passierte wieder etwas Eigenartiges. Ich muss mich doch immer wieder wundern über Dinge, die die Menschen manchmal machen und an denen sie auch noch Spaß haben. Am Anfang ging es noch. Im Wohnzimmer wurden überall bunte Papierstreifen und die großen Bälle, die so laut knallen, wenn man hineinbeißt, aufgehängt.

Das sah lustig aus. In der Küche war ein reges Treiben und es roch sehr gut. Die ganze Zeit passte ich auf, ob nicht doch einmal etwas hinunterfiel.

Später kamen wieder viele Leute zu Besuch. Das fand ich auch sehr schön. Alle waren nett zu mir und streichelten mich. Zu diesem Zeitpunkt hörte ich schon hin und wieder einen Knall. Das hat mich aber noch nicht sehr erschreckt. Später wurde die Knallerei immer häufiger und lauter. Langsam wurde ich doch unruhig. Aber die ganzen Menschen schien das nicht zu interessieren. Im Gegenteil: Oft standen sie am Fenster und freuten sich über den Radau und die bunten Lichter. Ich hatte mich unter dem Esstisch verkrochen und erwartete das Schlimmste. Mit der Zeit wurde ich immer mutiger. Wenn die Menschen so locker waren, konnte nichts Ernstes passieren. Mitten in der Nacht wurde es noch einmal für eine ganze Weile sehr laut und hell. Aber auch das ließ die Menschen kalt. Stattdessen waren sie ganz aus dem Häuschen und fielen sich in die Arme. Irgendwann merkte auch ich, dass keine Gefahr drohte. Beim nächsten Mal werde ich wohl lockerer sein.

Meine Freundin aus dem Park bekommt dagegen richtige Panikattacken. Sie zittert dann ganz doll. Dieses Mal hatten ihre Menschen schon im November angefangen, ihr erst ganz leise und nach und nach immer lauter, aus dem DVD-Player Knallerei vorzuspielen. So hat sie sich langsam daran gewöhnt und konnte es an diesem Abend besser ertragen.

Schlitten fahren

Eines Morgens sah die Welt ganz verändert aus. Es war sehr still draußen und alles war weiß. Die Wege, die Straße und der Rasen waren verschwunden. Auch auf den Autos war eine dicke, weiße Schicht. Sämtliche Gerüche waren darunter verborgen. Aber ich fand es toll. Es war der erste Schnee meines Lebens. Er war weich, man konnte herrlich hineinbeißen und wenn ich eine Vollbremsung machte, gab es Schneegestöber. Nach den Flocken, die noch vom Himmel fielen, hatte ich geschnappt. Es war fast so schön wie am Meer. Im Park spielte ich mit den anderen Hunden Fangen. Wir kämpften und wälzten uns herum. Mein Frauchen machte aus dem Schnee kleine Bälle und warf sie in die Luft. Ich fing die Bälle und aß sie auf. Ich war so glücklich! Wieder zu Hause war ich klitschnass und mein Frauchen hat mich tüchtig abgerubbelt. Dann setzten wir uns zusammen an den warmen Kamin und ich hielt meinen wohlverdienten Mittagsschlaf.

Einige Tage später luden meine Menschen ein komisches Ding aus Holz, auf dem man sitzen konnte, in das Auto und wir fuhren auf einen Berg. Dort oben luden sie das Ding aus, setzten sich darauf und rasten damit den Berg hinunter. Ich rannte nebenher und fand es toll, dass die Menschen plötzlich so schnell waren. Mein Frauchen lachte herzhaft. Scheinbar hatte sie auch so viel Spaß wie ich. Unten stiegen die Menschen ab und gingen zu Fuß den Berg wieder hinauf. Das ging dann aber sehr langsam und mein Frauchen musste mehrmals eine Pause machen.

Ich glaube, ihre Kondition war nicht die Beste. Dann ging das gleiche Spiel wieder von vorne los. Es war ein schöner Tag.

Es war nun schon einige Wochen kalt und der Schnee war inzwischen nicht mehr so locker. Auf den Straßen sah er nicht mehr schön aus, alles war schmutzig und matschig. Einmal hatte ich mir fürchterlich an den Ballen wehgetan, weil die Menschen auf dem Gehweg Salz gestreut hatten. Da weinte ich richtig und mein Frauchen musste mir ordentlich die Füße waschen. Ab dem Tag cremte sie mir vor dem Gassi gehen immer die Füße mit Vaseline ein. Am Anfang wollte ich sie immer ablecken, aber es schmeckte so unangenehm, dass ich es lieber bleiben ließ. Aus den Pfützen konnte ich nicht mehr trinken, da dort eine harte Schicht drauf war.

Das Auto wurde wieder beladen. Dieses Mal nahmen meine Menschen komische Schuhe mit. Unter den Schuhen waren lange Stäbe aus Metall angebracht. Ich war sehr gespannt, was ich nun erleben würde. Wieder mussten wir eine Zeit lang fahren. Wir kamen an einen großen See, auf dem sehr viele Menschen waren. Die meisten von ihnen hatten auch solche Schuhe an. Das war toll! Wir konnten auf das Wasser gehen. Vor Freude machte ich einen Riesensatz auf den See. Und dann lag ich auf der Nase und rutschte ein ganzes Stück auf dem Bauch. Das hätte mir auch mal einer sagen können, dass das so rutschig ist. Aber irgendwie war es auch lustig. Mein Frauchen zog mir an alle vier Pfoten kleine Söckchen und so ging es besser. Wir liefen dann sehr lange auf dem See herum. Meine Menschen hatten tolle Drehungen und ein Wettrennen gemacht. Sonst sind sie nicht so schnell. Ich musste mich sogar etwas anstrengen, um mitzuhalten. Es war wirklich ein schöner Tag. Später gingen wir noch in ein Restaurant. Da war es schön warm. Ich lag unter dem Tisch und war ganz brav. Kein Wunder, ich war auch sehr erschöpft. Der Winter hat mir gut gefallen. Ich tobte viel herum und hatte dabei nie wirklich geschwitzt.

Irgendwann war auch diese Jahreszeit vorbei. Es wurde wärmer, die Sonne schien und der Schnee schmolz. Die Welt sah nun nicht mehr so schön aus, aber bald wurde das Weiß vom Grün abgelöst. Ich genoss es, in der Sonne auf dem Rasen zu liegen und zu dösen.

Ich war nun fast ein Jahr alt und fühlte mich schon richtig erwachsen, obwohl mir ältere Hunde immer wieder zeigten, dass ich es noch lange nicht war. **Körperlich und geistig erwachsen sind Hunde erst mit zwei bis drei Jahren.** Aber immerhin gab es inzwischen jüngere Hunde, die vor mir Respekt hatten.

Sachen suchen

Hurra! Es war wieder so ein toller Tag. Viele Menschen kamen zu Besuch. Auch Kinder waren dabei. Ich freute mich riesig. Alle begrüßten mich und waren sehr lieb zu mir. Am Besten gefielen mir die Kinder. Mit denen konnte ich so schön toben und mich im Gras wälzen. Der Tag versprach wirklich gut zu werden. Als alle am Tisch saßen und frühstückten (ich bekam natürlich wieder einmal nichts davon ab), ging mein Frauchen mit einem Korb durch den Garten und versteckte überall bunte Dinge. Sie hatte also schon etwas von mir gelernt. Ich versteckte die besten Knochen auch immer. Ich hoffte nur, dass sie später alles wiederfand, wenn sie Appetit darauf hatte. Mir passierte es nämlich manchmal, dass ich zufällig Knochen fand, die ich schon ganz vergessen hatte. Die Dinger rochen dann immer ganz besonders gut - finde ich jedenfalls. Mein Frauchen sah das wohl ein bisschen anders. Und was hatte ich gesagt? Nach dem Essen kamen die Kinder ganz aufgeregt aus dem Haus und mussten meinem Frauchen suchen helfen. Also so schnell vergaß ich nicht, wo meine Knochen lagen. Na ja, Menschen sind eben etwas merkwürdig. Das ist natürlich nur meine Meinung. Die Kinder hatten kleine Körbchen und waren eifrig bei der Suche. Leider durfte ich nicht mithelfen. Ich glaube, die Menschen dachten, ich würde ihnen das Futter wegnehmen. Leider fanden sie auch alles. Für mich blieb nichts übrig. Aber es war wohl besser so. **Ich hörte etwas von: Schokolade ist Gift für Hunde. Sie enthält Theobromin und das kann zum Tode führen!** Wenn ich das richtig verstanden habe, lasse ich lieber die Finger davon. Mein Futter schmeckt sowieso viel besser. Später spielten die Kinder im Garten noch tolle Spiele. Mit verbundenen Augen und so. Und sie gingen mit mir spazieren. Ein toller Tag durch und durch.

Am Abend musste ich mich erst einmal auf der Couch ausruhen. Leider wurde ich dort auch erwischt und ganz schnell verjagt. Es gibt eben Plätze für die Menschen und Plätze für die Hunde.

Ich bin ein Jahr alt

Ich bin nun ein Jahr alt. Es war ein aufregendes und sehr lehrreiches Jahr für mich. Täglich habe ich neue Dinge kennengelernt und auch heute lerne ich noch hinzu. Meistens befolge ich die Wünsche meiner Familie, aber hin und wieder versuche ich doch, in der Hierarchie aufzusteigen. Nicht wirklich ernsthaft, da ich eigentlich weiß, wo ich stehe, aber es macht mir Spaß auszuprobieren, wie weit ich gehen kann. Meine Familie möchte ich nicht missen. Ich liebe sie sehr und freue mich über jede Aktion, die sie mit mir unternimmt. Wenn ich ungefähr zwei Jahre alt bin, darf ich vielleicht auch Vater werden. Mein Frauchen sagt, es wäre eine Sünde, wenn man mein Aussehen und meinen Charakter nicht weitervererben würde. Wenn die nächsten Jahre auch so schön werden, habe ich ein wahres, tolles „Hundeleben“.

Und übrigens: Bald bekomme ich noch einen Bruder. Toll, was?

Alles Liebe von Eurem

Lasse

Die Entwicklungsstufen des Hundes

1. – 2. Lebenswoche

Der Welpe wird mit verschlossenen Augenlidern und verschlossenem äußerem Gehörgang geboren. Er zeigt angeborene Verhaltensweisen, wie Kreiskriechen, pendelnde Kopfbewegungen, Fellbohren mit der Nase, Milchtritt und Unmutsgeschrei.

3. Woche

Ab dem 13. Tag öffnen sich die Lidspalten und äußeren Gehörgänge; ab dem 18. Tag beginnt das Sehen und Hören.

Bis einschließlich des 20. Tages sind die Welpen ans Lager gebunden und zeigen keinerlei Angstreaktion; am 21. Tag erwacht der Folgetrieb und sie verlassen das Lager.

4. – 7. Lebenswoche

Die Sinnesorgane sind jetzt voll entwickelt; das Milchgebiss wächst und es wird feste Nahrung zugefüttert.

Gestik und Mimik bilden sich immer mehr aus. Die Zeit wird mit Fressen, Schlafen, Spielen und Erkunden der Gegend verbracht.

Für Welpen geeignetes Spielzeug und ein großer, interessant gestalteter Auslauf fördern das Erkundungsverhalten und die Lernbereitschaft.

Der Welpe muss in dieser Zeit viel Kontakt mit Menschen haben; die Stimme, der Geruch und viele Berührungskontakte sind entscheidend für sein späteres Verhältnis zum Menschen.

Was in dieser Zeit nicht gelernt wird, ist später sehr schwer nachzuholen. Das Gelernte wird für das ganze Leben unauslöschlich! Das gilt für gute und schlechte Erfahrungen!

Sozialisierungsphase / 8. – 12. Woche

Das Fressen in der Gemeinschaft fördert die Sozialisierung. Kampfspiele / Sieger- und Verliererspiele im Rollentausch bringen wichtige Erfahrungen. Die Welpen lernen, ihre eigenen Kräfte einzuschätzen und unter Kontrolle zu bringen. Die so wichtige soziale Hemmung, die eine ernsthafte Verletzung der Artgenossen verhindert, wird jetzt entwickelt. In dieser Zeit können wir dem Welpen auch am besten beibringen, wie fest er bei uns zubeißen darf.

Diesen Zeitraum sollte jeder Welpenbesitzer intensiv nutzen, um die Sozialisierung mit dem Menschen auszubauen. Loben und Streicheln bei erwünschtem Verhalten prägen sich ebenso ein, wie disziplinierende Strafen bei Übertretungen von Tabus. Strafen sollten wir nur bei Übertretung von festgelegten Regeln und unmittelbar (1-2 Sekunden) nach der Tat ausführen.

Vielseitiges Spielen mit dem Hund stärkt die Bindung und fördert die Lernfreudigkeit.

Rangordnungsphase / 13. – 16. Woche

Rangordnung ist nicht nur eine Frage von körperlicher Stärke, sondern weit mehr eine Folge der geistigen Überlegenheit. Der Welpe muss von Anfang an lernen, wer das Sagen hat und wo er im Rudel steht. Erst der Mensch, dann der Hund.

Kleine Übungen wie „Sitz und Platz“ können jetzt schon geübt werden. Das Üben soll aber in jeden Fall kurz und von viel Lob geprägt sein, um die Lernfreudigkeit zu fördern.

Rudelordnungsphase / 5. und 6. Monat

Der Junghund sucht in dieser Phase einen selbstsicheren Rudelführer, an dem er sich orientieren kann. Findet er keinen, ist er unter Umständen geneigt, seine eigene Ranghöhe zu verbessern und seine eigenen Regeln aufzustellen.

Er testet unsere Stellung, indem er erlernte Hörzeichen geflissentlich überhört oder festgelegte Tabus überschreitet.

Pubertätsphase / sensible Phase, ca. 7. bis 9. Monat (bei großen, spätreifen Rassen auch später)

Dies ist der Zeitpunkt der ersten Läufigkeit der Hündin bzw. der Geschlechtsreife des Rüden.

In der sensiblen Phase kann es vorkommen, dass der Hund sich im Umgang mit Artgenossen oder Menschen vorübergehend wieder unsicher zeigt oder von Dingen beeindruckt ist, die vorher schon alltäglich waren.

Je nach Rasse können die einzelnen Phasen anfangs um ein paar Tage, später auch um Wochen, verschoben sein.

Was ich vor der Anschaffung eines Hundes beachten muss

Mit guter Planung und Vorbereitung kann fast jeder einen Hund halten. Allerdings bedeutet es unter Umständen eine ganz erhebliche Veränderung in der Lebensweise, will also vorher gut überlegt sein. Vor der Anschaffung sollte man sich also fragen: Habe ich genug Zeit? Habe ich genug Platz? Habe ich genug Geld? Habe ich die richtige Vorstellung davon, was ein Hund ist? Kann ich für die nächsten 10-15 Jahre planen?

Der Hund braucht viel Zeit

Je nach Rasse, Temperament und Alter brauchen die meisten Hunde einen täglichen Auslauf von mindestens zwei Stunden, manche auch deutlich mehr. Nur die ganz alten und die ganz großen Rassen kommen eventuell mit etwas weniger aus. Diese Zeit sollte man auf mindestens drei bis vier Gelegenheiten am Tag verteilen.

Diese Spaziergänge müssen bei jedem Wetter stattfinden, der Hund braucht das. Und wenn man an einem nassen Tag mit dem Hund nach Hause kommt, dann muss er abgetrocknet und gesäubert werden, auch das kostet Zeit. Dazu kommt die Zeit fürs Füttern und Bürsten. Langhaarige Hunde sehen schön aus, machen aber sehr viel Arbeit in dieser Hinsicht.

Der Hund macht Dreck. Wohnungen, in denen Hunde leben, sind nie so sauber wie hundefreie Wohnungen, trotzdem wird man mehr Zeit als Nicht-Hundehalter mit Saubermachen verbringen.

Der wichtigste Punkt ist aber, dass der Hund nicht gerne alleine ist. Als Rudeltier kann er nicht verstehen, wenn er über längere Zeit alleine gelassen wird. Dieses muss man von Anfang an immer wieder üben. Der Hund braucht nicht den ganzen Tag Beschäftigung, aber er sollte Gelegenheit haben, einfach (fast) immer dabei zu sein.

Der Hund braucht Platz

Der Platzbedarf des Hundes hängt sehr stark von seiner Größe ab. Aber auch der unterschiedliche Bewegungsdrang muss berücksichtigt werden. Wenn man viel Zeit hat, um mit dem Hund nach draußen zu gehen (und das dann auch tatsächlich tut), dann kann man einen kleinen Hund in einer Einzimmerwohnung halten. Allerdings ist nicht in allen Mietwohnungen die Hundehaltung erlaubt.

Die Haltung kostet Geld

Die Höhe der Hundesteuer wird von den Gemeinden festgelegt und ist sehr unterschiedlich. Die Anschaffung des Hundes kostet, je nach Rasse und Herkunft, ebenfalls unterschiedlich viel. Der Hund frisst täglich, aber wie viel das kostet, hängt von seiner Größe und der Art des verwendeten Futters ab. Er muss geimpft werden und auch sonst immer mal wieder zum Tierarzt. Die Kosten für Impfung, Entwurmung und Anti-Floh-Mittel sind auch von der Größe des Hundes abhängig. Gelegentlich muss er gebadet werden. Er braucht ein spezielles Hunde-Shampoo. Manche Rassen werden geschoren, da das Fell bei diesen immer weiter wächst oder es einfach für einige Rassen im Sommer angenehmer ist. Langhaarige Hunde brauchen unter Umständen ein ganzes Arsenal an Kämmen und Bürsten. Kosmetischen Komplettservice und eine Rundum-Beratung gibt es im Hundesalon. Der Hund braucht einen Futter- und einen Wassernapf, eine Hundedecke oder ein Hundebett. Er benötigt eine Leine, ein Halsband oder ein Geschirr. Viele Hunde lieben Bälle oder Quietschspielzeug. Eventuell braucht man gelegentlich einen Hundesitter oder eine Hundepension, wenn man mal krank wird oder auf eine Reise geht, auf die man den Hund nicht mitnehmen kann. Man sollte für seinen Hund eine Hundehalter-Haftpflicht-Versicherung abschließen, da man für sämtliche Handlungen seines Hundes verantwortlich ist.

Welche Rasse passt zu mir?

Bei der Auswahl der Rasse sollte man nicht nur auf das Aussehen achten. Wichtiger ist, ob der Charakter zu einem passt. Ein älterer Mensch oder jemand, der nicht gerne lange Strecken läuft, sollte z. B. nicht einen zu großen Hund wählen, der sehr viel rennen muss.

Jemand, der gerne joggt, sollte keine ganz kleine Rasse oder einen trägen Bernhardiner wählen. Hund und Halter müssen von ihren Bedürfnissen sehr gut zusammenpassen, um gemeinsam glücklich zu werden.

Wichtig ist auch, ob man in der Stadt oder auf dem Land lebt.

Hat der Vermieter der Hundehaltung zugestimmt?

Es gibt Hunderassen, die sind auf keinen Fall für Anfänger geeignet. Auch darauf sollte man achten.

Und: Will ich einen Welpen oder einen erwachsenen Hund?